AF496077

GEORGES FROMAGE

NOTES

SUR

UN RAPIDE ET COURT VOYAGE

AUX

ÉTATS-UNIS & AU CANADA

IMPRIMERIE DU JOURNAL DE ROUEN

1910

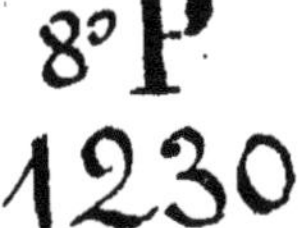

NOTES

SUR

UN RAPIDE ET COURT VOYAGE

AUX

ÉTATS-UNIS & AU CANADA

NOTES

SUR UN RAPIDE ET COURT VOYAGE

AUX

ÉTATS-UNIS ET AU CANADA

Quelques amis, auxquels je faisais mes adieux, avant mon départ pour les Etats-Unis et le Canada, m'ayant manifesté le désir que je leur donne mes impressions personnelles sur le Nouveau-Monde, j'ai cru leur être agréable en leur faisant (entre temps à bord), pendant ma traversée de retour, ce court exposé fait sans aucune prétention, mais uniquement dans le but de répondre à leur désir.

LE BUT DE MON VOYAGE

J'estime qu'une industrie est comme une nation : c'est celle qui possède le matériel de combat le plus moderne et le plus perfectionné, adroitement et intelligemment utilisé, qui est sûre, non seulement de se bien défendre, mais du succès ; il est donc du devoir de chacun de nous, aussi bien au point de vue particulier que national, de travailler à l'acquérir.

Pénétré de ce principe, j'allai maintes fois à l'étranger : en Angleterre, en Suisse, en Italie, plus fréquemment encore en Allemagne, étudier dans chacun de ces pays le matériel le plus perfectionné et spécial à notre industrie, « la fabrication des tissus élastiques en caoutchouc ». Seuls les procédés de fabrication américaine m'étaient inconnus et je trouvai que je ne devais point négliger de les aller étudier au-delà de l'Atlantique, voyage qu'on redoute à tort étant donné nos habitudes casanières (le Français ne voyage pas) et devenu des plus faciles avec les moyens aussi sûrs que rapides dont nous disposons aujourd'hui.

Je reviens donc très heureux d'avoir vu à l'œuvre dans leur vaste pays ces Américains, hommes aux grandes entreprises hardies, qu'on nous cite à tous comme des exemples de puissante énergie et d'ingéniosité.

Appelé à Londres et à Manchester par mes affaires, je n'étais point fâché, tout en regrettant, par égard pour mon pays, de n'avoir pas emprunté la ligne française, je n'étais pas fâché, disais-je, de faire la traversée de l'Atlantique sur ce géant de la mer, le plus moderne, le plus grand, le plus rapide, ainsi que le plus confortable du monde, comme s'en flatte si justement la « Cunard Line », et j'embarquai, le samedi 9 avril, à Liverpool, à cinq heures du soir, sur la *Lusitania*, en compagnie de mon excellent ami M. A. S., de Londres.

A six heures, heure fixée pour le départ, nous levons l'ancre, le bateau quitte le quai et fait demi-tour pour se mettre l'avant vers la mer au milieu du fleuve, aidé dans cette opération par un remorqueur qui nous paraissait bien petit, vu du haut du pont, d'où nous admirions ses efforts et qui ne fit point comme la mouche du coche, mais au contraire s'acquitta très honorablement de sa tâche.

Cette manœuvre accomplie avec autant de prudence que de lenteur, l'ancre est jetée et nous attendons la marée au milieu de la Mersey, en dînant autour de tables couvertes de fleurs aussi fraîches qu'elles étaient belles. A sept heures, nous partions pour Queenstown, ville située au sud de l'Irlande, où nous arrivions le lendemain matin dimanche, à huit heures, courte et seule escale que nous devions faire pendant notre traversée.

Dès notre arrêt, notre navire est accosté par un bateau apportant les courriers divers d'Irlande, d'Ecosse et d'ailleurs, en même temps que des marchandes irlandaises, montant à l'assaut de la *Lusitania*, venaient offrir rapidement aux ladies, nos compagnes de voyage, des dentelles, des châles, des fichus, objets qui tentent toujours le cœur féminin !

Ce fut pendant une demi-heure une longue file active de porteurs, montant par une passerelle et descendant par une autre très précipitamment, après avoir déposé, par deux petites portes pratiquées *ad hoc* dans le flanc de la *Lusitania*, tous les sacs sur lesquels étaient imprimés en gros caractères les pays auxquels ils étaient destinés ; cette chaîne humaine, si bien formée à ce genre d'opération, n'aurait certes pas été remplacée avantageusement par un procédé mécanique quelconque.

A neuf heures, nous levâmes l'ancre de nouveau et le cap fut mis sur New-York ; pendant deux heures nous longeâmes les côtes sud d'Irlande et nous ne devions plus revoir la terre que cinq jours après, c'est-à-dire le jeudi 14, à neuf heures du soir.

LA « LUSITANIA »

La *Lusitania* est avec la *Mauritania* (toutes les deux appartenant à la « Cunard Line ») le plus grand, le plus beau et le plus vite des transatlantiques actuels.

Construite tout en acier, en 1907, sa longueur est de 237 mètres, sa largeur de 26 mètres, sa hauteur totale de 24 mètres ; son tonnage est de 32,000 tonnes (*), sa force de 70,000 chevaux anglais, sa vitesse de 25 nœuds. La vapeur est fournie par 25 chaudières adossées les unes aux autres, quatre turbines actionnent ses quatre hélices. La consommation de charbon est, paraît-il, de 1,200 tonnes par 24 heures.

Le navire comporte 3 classes (1re, 2me et 3me classes), cette dernière particulièrement affectée aux émigrants.

Les cinq étages sont desservis par plusieurs escaliers dont un très grand nombre au milieu avec, au centre, deux ascenseurs toujours en mouvement.

3,100 personnes étaient à bord, dont la vie matérielle était assurée par les vastes cuisines aussi propres que bien organisées et avec le concours de 36 cuisiniers, aides de cuisine, marmitons, boulangers, pâtissiers, la plupart français.

Les nombreuses cabines, la salle à manger, le salon de lecture, le salon de conversation, le grand salon, le fumoir

---

(*) La « White Star Line », jalouse du succès de sa rivale la « Cunard Line », fait construire actuellement un transatlantique de 48,000 tonnes.

la salle de jeu et la véranda aux immenses cheminées avec grand feu, tous parfaitement éclairés et aérés, sont aussi confortables que décorés avec luxe.

Le service ainsi que la table sont irréprochables et, si ce n'était en temps calme une légère et constante trépidation, on se serait cru dans un des plus somptueux hôtels de Londres comme les comprennent si bien nos amis les Anglais.

Je dois déclarer que ce merveilleux transatlantique, qui fait honneur au génie humain, a produit sur moi une grande impression et que j'en ai conservé le meilleur souvenir ; je lui dois, j'en conviens, toute ma reconnaissance pour m'avoir si promptement et si délicieusement transporté et pas du tout secoué, comme ces vilains petits paquebots qui font le service entre la France et l'Angleterre et auxquels j'ai parfois, et pour cause, gardé quelque rancune (horresco referens !).

LA VIE A BORD

Dans ce vaste hôtel flottant la vie est des plus agréables. Le bridge, naturellement, les échecs, le jeu de dames, les longues promenades sur les divers ponts superposés, le jeu de marelle sont les passe-temps de la plupart. Une bibliothèque, très bien assortie de livres anglais, américains, allemands et français, permet au voyageur qui n'est pas joueur (et c'est mon cas) de passer agréablement son temps ; c'est pour ceux qui supportent bien la mer la vie calme, reposante, je dirai même idéale ; loin de toutes les affaires et soucis journaliers de la vie, pas d'importun, pas de correspondance et pas de téléphone !!! Pas non plus de nos journaux traitant toujours de notre vilaine politique de division, au mépris de la fraternité affichée avec ses deux compagnes sur nos édifices et que le temps, par pudeur, prend le soin d'effacer ; pas de ces journaux enfin dans lesquels nous disons tant de mal de notre pays et de nous-mêmes !

Les seules nouvelles dont nous ayons eu connaissance nous étaient communiquées par le journal quotidien du bord et la télégraphie sans fil ; c'est au moyen de cette dernière que pendant notre traversée de retour, sur la *Carmania*, nous apprîmes le décès d'Edouard VII, le lendemain, à huit heures.

Très rares sont les navires que l'on rencontre au cours de la traversée, c'est l'isolement complet.

Un événement se produisit cependant au milieu du trajet : sur un appel, tous les passagers quittèrent les salons pour se précipiter sur le pont, j'allai vite les rejoindre pour connaître le motif de cette curiosité inusitée ; à un kilomètre de nous, cinq magnifiques baleines prenaient leurs ébats dans un mouvement continuel de plongeons et lançaient en revenant à la surface de superbes gerbes d'eau, à la grande stupéfaction des passagers. J'ai la conviction que quelques-unes de nos gracieuses compagnes de traversée se vanteront, dans les salons new-yorkais, d'avoir miraculeusement échappé au sort de Jonas !

Je ne saurais oublier de signaler aussi une chose très intéressante du bord, la section des émigrants, très convenablement aménagée, à laquelle, seul, j'allai parfois me mêler discrètement. Elle était composée d'Allemands, Polonais, Hongrois, Italiens, etc., au nombre de 1,500 hommes, femmes et enfants ; tous robustes et jeunes vivaient confondus dans la partie basse et arrière du bateau.

Les uns, gais et heureux d'aller vers l'inconnu, dansaient lourdement en frappant lentement en cadence le pont du bateau avec leurs épaisses et lourdes chaussures à gros clous, la tête renversée en arrière, la main gauche en l'air, et du bras droit entourant solidement la taille carrée de leur jeune danseuse à la chevelure blonde et éparse, réglant leurs pas aux sons d'un accordéon acheté 5 marks en Allemagne, qui se gonflait et se dégonflait avec des ondulations de serpent.

D'autres, silencieux et soucieux, le sourcil froncé, portaient fréquemment la main à la ceinture qui contenait leur petite fortune si péniblement amassée et qu'ils allaient, hors de leur patrie, tenter de faire fructifier (ou, hélas ! peut-être perdre).

EN VUE DE NEW-YORK

Le jeudi soir, à dix heures, nous étions en vue de New-York : notre navire stoppa, un pilote monta à bord pendant que deux petits bateaux, spécialement affectés au service postal, venaient se placer, l'un à bâbord, l'autre à tribord, sous les flancs de la *Lusitania*, et recevaient, par deux larges tubes en étoffe, les nombreux sacs contenant tous les courriers que nous apportions; l'opération dura une demi-heure.

A dix heures et demie, nous reprenions lentement et majestueusement notre marche en avant, au centre du chenal, entre deux rangées de bouées à feux rouges.

New-York dans le fond et Brooklyn à droite; de tous côtés s'étalaient de nombreuses réclames électriques, plus originales les unes que les autres; s'enlevant dans le ciel, certaines ne faisaient qu'une brusque apparition pour disparaître aussitôt; de grands bateaux-bacs, puissamment éclairés à l'intérieur sur deux rangs superposés, croisaient en tous sens dans la baie, ce qui, la nuit, donnait une note très gaie au port.

Nous apercevons à gauche la silhouette de la statue de « La Liberté éclairant le monde », œuvre de Bartholdi, et offerte aux Etats-Unis par la République française, à l'occasion de son centenaire. Sa hauteur est de 46 mètres, l'énorme piédestal de granit qui la supporte a 47 mètres; placée ainsi sur un tertre gazonné à l'extrémité de l'île de la Liberté, elle produit dans la baie, de quelque côté qu'on l'aperçoive, un imposant et très gracieux effet.

A onze heures, la *Lusitania* s'arrête, à la grande déception des passagers qui se croyaient bientôt débarqués.

Si ces géants de la mer ont toute liberté de leurs mouvements lorsqu'ils ont devant eux le champ libre, il n'en est plus de même quand il leur faut venir prendre dans les bassins et les darses devenus trop petits, la place qui est réservée aux navires de leur Compagnie; leurs dimensions, la grande force de leurs puissantes machines ne leur permettant pas d'opérer des mouvements de lenteur et de précision.

Nous voyions, depuis quelques instants, s'agiter tout autour de nous une dizaine d'Abeilles aux feux verts que nous eussions pu broyer si facilement, ce qui nous les faisait regarder avec un peu de dédain; c'était d'ailleurs à tort, car elles allaient bientôt nous prouver qu'on a souvent besoin d'un plus petit que soi : en effet, sept de ces Abeilles, leur avant garni d'un fort tapis d'étoupe, vinrent se placer, les unes auprès des autres, et poussèrent de toute la force de leur hélice, en vomissant des nuages de fumée et de vapeur, sous le flanc bâbord de la *Lusitania*; d'autres Abeilles, en même temps, faisaient à tribord et arrière semblable manœuvre pour faire obliquer à droite notre lourde masse.

Ces manœuvres durèrent deux heures et demie et ce ne fut qu'à une heure et demie du matin que la *Lusitania* était à quai pour débarquer ses passagers.

Il nous fallut alors subir la visite aussi sévère que minutieuse de la douane, sous un vaste hangar ouvert à tous les vents, sans aucune table pour recevoir les bagages, ouvrir nos valises et nos malles, en sortir tous les compartiments sur un sol bitumé, poussiéreux et sale ; c'est vraiment trop indécent, d'autant plus que l'opération dura pour chacun de nous quarante minutes ! Nous ne devions trouver à la sortie que des landaus pour transporter nos bagages, le cocher disparaissait derrière nos grosses malles et nous étions perdus à l'intérieur au milieu de nos valises, sacs à main, couvertures. Cette façon yankee de recevoir ses hôtes nous fut très désagréable.

NOTRE ARRIVÉE A NEW-YORK

Quand on entre dans New-York, on a l'impression de se trouver dans une grande ville anglaise, la langue étant la même, les enseignes et affiches semblables, les lourds camions attelés de grands chevaux de Norfolk, à la tête busquée et aux longs crins aux pattes, couverts de harnais ornementés d'attributs en cuivre ; les Handsome cabs, surtout, complètent l'illusion.

L'œil est attiré de suite par les nombreux escaliers de fer suspendus contre la façade des maisons anciennes, au-dessus des trottoirs et traversant les balcons, c'est loin d'être décoratif ! Dans les immeubles modernes, ces escaliers sont heureusement placés dans les cours intérieures (un règlement de police a imposé aux propriétaires cette prudente mesure en cas d'incendie).

Lorsqu'on pénètre davantage dans New-York, on se sent bien dans la ville américaine : toutes les constructions sont distribuées par blocs, les rues sont toutes à angle droit, elles ont en bordure çà et là ces grands immeubles dits « gratteciel » (skyscrapers), qui ont jusqu'à 16, 18 et 20 étages ; c'est aussi discordant que laid ; ces Messieurs les Américains n'ont vraiment pas le goût de l'esthétique ! Les voies et rues sont tellement larges que l'effet produit par ces hauts édifices est un peu moins affreux cependant que je ne le supposais. Ceux-ci sont construits en fer ou acier avec revêtements en briques ou pierres d'un aspect sobre et sévère ; le luxe de décoration est particulièrement réservé aux deux derniers étages avec motifs empruntés à nos styles Louis XIV, Louis XVI et Empire ; pour les bien voir, il faut se porter sur le trottoir opposé et des jumelles seraient de toute utilité.

LES HOTELS

Nous descendons au Waldorf Astoria Hôtel, fifth Avenue. Cet immeuble colossal, construit en briques rouges, possède 1,500 chambres ; au rez-de-chaussée se trouvent de splendides salles de fête, salons, salles à manger, cabinets de lecture, gril-rooms, bars, etc.; sur le toit est située une terrasse qui sert de restaurant en été : la hauteur totale de ses 14 étages atteint 65 mètres. Dans ses vastes galeries il y a tant de monde et l'on y circule si difficilement à certaines heures qu'on se croirait dans la rue. Cet hôtel étant central, les gens dans les affaires s'y rencontrent fréquemment ; malgré cette cohue, le plus grand ordre y règne et le service y est en tout parfaitement fait. L'air et le jour y font cependant défaut, comme dans tous les hauts édifices ; aussi la lumière électrique brûle-t-elle constamment au rez-dechaussée dans la journée, ce qui n'a rien d'agréable.

Le voyageur n'a point à s'inquiéter trop de la hauteur de ces grands immeubles, car ils sont desservis par quantité d'ascenseurs groupés généralement par 2 ou 4 qui fonctionnent avec une rapidité étonnante et sans à-coups. A chaque étage sont placées deux sonnettes électriques par ascenseur pour appeler la montée ou la descente ; à côté et au-dessus, des niveaux d'eau ou cadrans gradués indiquent la marche des ascenseurs ; on appelle par conséquent celui qui est le plus à sa proximité. Ajoutez à cela qu'à l'intérieur de chacun d'eux s'éclaire, lorsque vous sonnez, le numéro de l'étage qui a appelé le lift-man. C'est parfait comme ordre et rapidité, on n'attend pas.

Les chambres sont spacieuses et bien meublées avec, auprès de chacune d'elles, un cabinet de toilette, salle de bain, etc. ; enfin un téléphone permettant de communiquer aussi bien dans l'hôtel qu'en ville ; la communication est très vite obtenue.

Dans toutes les grandes villes des Etats-Unis, vous y rencontrez ces immenses hôtels avec ce confort irréprochable ; c'est à mon avis ce que les Américains ont de mieux et que nous puissions leur envier, moins la hauteur toutefois.

L'Américain, par tempérament, a horreur de la servilité ; les fonctions de domestiques sont le plus souvent remplies par des étrangers : Anglais, Italiens, Allemands, Hongrois et quelques Français et Suisses.

Dans les sous-sols des grands hôtels sont installés de vastes cabinets de toilette où le voyageur doit descendre pour y faire cirer ses chaussures ; le prix de cette opération est d'une dîme (0 fr. 50) ; je la versai le premier jour, me conformant au tarif établi, et sans obtenir un merci, ce mot de reconnaissance n'est jamais prononcé là-bas ; je voulus cependant l'obtenir une fois, et le lendemain je doublai la mise, même insuccès ! L'idée me vint de donner à mon brosseur un dollar, mais je me souvins que j'étais six fois grand-père et que je n'avais pas le droit de me livrer à de semblables largesses ; le vilain, un jeune Italien, qui s'était déjà américanisé, m'eût certes pris pour un milliardaire et eût jugé que c'était la moindre des choses que je pusse faire pour lui ; j'en aurais été assurément pour mes frais, et je m'abstins.

L'Américaine n'est pas femme d'intérieur comme la Française, elle vit au dehors et a peu de domestiques ; aussi les Américains reçoivent-ils leurs amis à l'hôtel, tel qu'au Waldorf Astoria, Majestic, Knickerbocker, Savoy, au Plaza, ce dernier le plus moderne et splendide, situé sur le Central Park, ainsi qu'au Café Martin (Delmonico est démodé).

C'est là où le soir vous rencontrerez l'élite de la société américaine, les femmes les plus distinguées (un peu trop couvertes de bijoux), mais dont les toilettes très élégantes font le plus grand honneur au bon goût parisien.

Beaucoup de nouveaux appartements n'ont pas de cuisine, mais un restaurant au rez-de-chaussée, où les locataires viennent prendre leur repas ; cela supprime les difficultés matérielles de la vie intérieure et permet de n'avoir que deux domestiques où il en faudrait cinq, puis d'aller plus facilement vivre six mois ou un an en Angleterre ou sur le continent.

LA VIE EST CHÈRE AUX ÉTATS-UNIS

L'unité monétaire est le dollar (100 cents) qui vaut 5 fr. 40 ; il existe, paraît-il, des pièces d'or de 2 1/2, 5, 10, 20 dollars. Les monnaies d'argent sont le dollar, le demi-dollar, le quart de dollar, qui correspond au franc, et la dime (10 cents). Le cent est semblable à nos centimes, mais plus épais et moins encombrant que nos horribles sous. A partir du dollar, toute la monnaie courante est en papier ; certains dollars surtout sont tellement sales et chiffonnés (car on les porte roulés dans la poche) qu'on a une certaine répugnance à les toucher.

En fait d'or, je n'en ai jamais vu que dans la bouche des Américains, voire même dans celle des nègres (où l'or va-t-il se nicher !), les incisives et les canines cerclées d'or de ceux-ci s'enlevant sur un fond rouge encadré de noir produisent, je vous assure, un très singulier effet !

Les objets fabriqués aux Etats-Unis, quoique chers, sont encore à des prix abordables, mais lorsqu'on veut s'offrir des objets d'importation, leur valeur passe du simple au triple ; c'est d'ailleurs très snob de n'acheter que des articles importés et, pour les femmes, de ne porter que des toilettes importées de France, sans négliger de s'en vanter, car il faut être très riche pour s'offrir ce luxe !

LES RUES — LES PARCS — LA CIRCULATION

Si vous aimez, mes amis, la vie calme, n'allez pas habiter New-York ou quelque grande ville des Etats-Unis !

Presque toutes les rues sont pavées avec des pavés de grès, sur lesquels, comme dans Broadway, roulent dans une demi-obscurité les lourds camions, voitures, autos, les tramways sur deux lignes au centre, et au-dessus le fameux chemin de fer électrique métropolitain « l'Elevated », avec ses trains continuels passant rapides dans un bruit de ferraille assourdissant, sur son épaisse et haute charpente métallique.

« L'El », comme on l'appelle par abréviation, est un moyen de communication rapide et commode ajouté aux nombreux tramways, et qui serpente dans quelques grandes rues, à la hauteur du second ou quatrième étage, quelquefois du sixième étage, comme dans la 116e avenue. Dans certaines rues, les trains courent au-dessus de chacun des trottoirs, à un mètre des maisons. Ah ! les pauvres habitants.

Rien n'est fini aux Etats-Unis ; à part quelques rues principales dont la chaussée est asphaltée, les autres sont sales et pleines de trous à faire verser les véhicules si les cochers et chauffeurs ne prenaient soin de les éviter en décrivant des arabesques. Même à l'extrémité de la fifth Avenue, qui est la plus belle, parallèlement au parc central, en face les Palais des Milliardaires, il y a des trous à enterrer un terre-neuve ! Comblez donc ces trous de quelques-uns de vos dollars, Messieurs les Milliardaires, car c'est doublement choquant !

Dans cette même fifth Avenue sont les magasins les plus élégants : sur les trottoirs très larges, chaque immeuble, contre et perpendiculairement à la devanture, possède une grande trappe en tôle à deux portes pour l'ascenseur aux ordures ménagères ; ces trappes de 2 mètres carrés excèdent le niveau du trottoir de plusieurs centimètres ; si vous y ajoutez leurs épaisses charnières en fer et le gros cadenas aussi en fer qui sert à les tenir fermées, vous pouvez vous faire une idée de la gymnastique qu'il faut exécuter pour examiner successivement les étalages ; les grosses chaussures américaines ont peut-être été prévues pour ce cas, mais j'avoue que les talons Louis XV de nos élégantes Parisiennes s'en accommoderaient fort mal.

En revanche, les parcs sont très bien tenus, ainsi que les voies qui les desservent ; on y rencontre quelques beaux « mail-coaches » aux quatre chevaux bien appareillés et bien mis, très rares sont les équipages bien attelés, et quantité d'autos, beaucoup de marques françaises, grandes et belles voitures de 40 et 50 chevaux ; mais Dieu, que les chauffeurs sont sales, pas habillés, coiffés d'une casquette d'écurie qu'ils portent en arrière, pas de gants, la plupart du temps couchés sur le côté de leur siège, et mâchant quelquefois de la gomme ; c'est indécent ! Ah ! Mesdames, qui êtes si élégantes, exigez un peu plus de tenue, sinon de correction, de vos chauffeurs et habillez-les !

Dans des allées spéciales beaucoup de cavaliers et d'amazones ; quelques-unes de celles-ci montent en homme, mais très décemment.

Charmants sont les petits écureuils tout gris, plus gros
que les nôtres si gracieux, toujours en mouvement, l'œil vif
et intelligent, venant prendre jusqu'à la main les noisettes
que leur tendent les promeneurs ; mais gardez-vous de cher-
cher à les caresser, vous seriez vite punis de votre familia-
rité. Quels hôtes détestables doivent être ces gentilles
petites bêtes pour les végétaux des parcs !

La voiture la plus en usage aux Etats-Unis est l'araignée
à quatre roues, voiture employée chez nous autrefois pour
les courses au trot et que le sulky a maintenant remplacée.
Les amateurs de chevaux vont fréquemment au parc, condui-
sant un trotteur marchant presque toujours l'amble (c'est
très sélect !) ; les cultivateurs pour leurs déplacements em-
ploient, malgré le très mauvais état des routes, ce même
genre de voiture légère.

Un exemple au hasard, qui prouve l'esprit constant et
réfléchi d'observation en tout chez l'Américain : la monte
peu élégante mais nouvelle en courses au galop, les étriers
très courts et le corps du jockey porté en avant pour dégager
l'arrière-train du cheval qui produit tout l'effort, est maintenant adoptée partout. Je l'avais observée à ses débuts, il y a
dix ans environ pour la première fois, en Angleterre, aux
courses d'Ascott, et elle était alors très critiquée de tout le
monde, même par les sportmen anglais.

On a en Amérique, comme en Angleterre, le respect de
l'autorité ; les policemen, grands et beaux hommes, très cor-
rects, sanglés dans leur longue redingote bleue, casquette
plate, gants blancs, veillent avec soin à la sécurité des gens ;
d'autres montés et aux carrefours ordonnent la circulation ;
ces messieurs daignent même mettre quelquefois pied à
terre, laissant leur cheval calme et immobile au milieu de la
rue, pendant que de son bâton le policeman règle les allées
et venues des voitures et des piétons.

Les appointements des policemen varient entre 6,000 et
8,000 francs, suivant leur grade ; aussi leurs fonctions sont-
elles recherchées, même par des hommes d'un certain rang
social.

Les règlements sont plutôt sévères : dans les tramways,
des pancartes menacent de 500 dollars d'amende (2,500 fr.)
ou d'un an de prison ! quiconque crachera sur le parquet ; il
est défendu de fumer sur les plates-formes. Contre les can-
délabres, des écriteaux avertissent que quiconque crachera

sur le trottoir sera passible d'une amende de 4 dollars ; la détestable habitude prise par les Yankees de chiquer ou de mâcher du caoutchouc a imposé cette mesure de propreté et d'hygiène ; je ne supposais pas cependant que cette manie fût aussi répandue et je me demandais au début pourquoi tant de gens, hommes, femmes et enfants, ruminaient ainsi !

LA RÉCLAME — LE BLUFF

On voit très grand, on fait très grand.

Les New-Yorkais se vantent de posséder les plus hauts édifices du monde ; je ne devais manquer, par conséquent, d'aller admirer le panorama de la ville du sommet de la « Singer Building », qui tient le record au milieu des gratte-ciels de New-York.

Sa hauteur totale est de 183 mètres ; 16 ascenseurs desservent ses 42 étages composés de bureaux, éclairés par 15,000 lampes à incandescence ; ces bureaux sont loués à divers négociants et abritent 2,400 employés. L'ascenseur spécial aux visiteurs nous monta en 58 secondes, après s'être arrêté à deux étages pour y déposer sans à-coup deux personnes. C'est vertigineux ! Un phare électrique au sommet de la tour sert toute la nuit de réclame à la Singer Cy.

Quand je disais tout à l'heure que la Singer Cy possédait l'édifice le plus haut de New-York, j'oubliais celui de Metropolitan Life Insurance Company qui vient d'être achevé et que cette Compagnie cite comme « the talest structure in the world » : il a, en effet, 197 mètres, c'est-à-dire 14 mètres de plus que celui de sa rivale navrée. « Quo non ascendam » doit être après le « time is money » la seconde devise américaine.

Bref, c'est très laid.

Les banques au pays des dollars font naturellement assaut de réclame par le luxe déployé dans leurs immeubles, presque tous à rez-de-chaussée : dans une banque de Montréal, l'on me fit voir des colonnes en marbre vert qui avaient coûté chacune 70,000 francs ; il y en avait 16, soit 1,120,000 francs ; le reste à l'avenant.

A Montréal, une banque acheta un édifice de 12 étages pour le détruire et édifier une magnifique banque à rez-de-chaussée à la place. A Philadelphie, j'ai visité « The Girard

Trust Cy building », une banque complètement en marbre blanc, même le toit en forme de dôme.

J'observai à mon compagnon de voyage que ces sommes si follement dépensées seraient mieux au fonds de réserve et offriraient plus de sécurité aux clients, qu'en outre les Américains agiraient plus sagement en créant une banque américaine, à l'instar de notre Banque de France ; ils éviteraient ainsi le retour de leur dernier krach de 1907, qui jeta la perturbation dans tout leur pays et provoqua un affollement général : ce serait assurément préférable, mais pas américain !

Le cicerone qui nous accompagnait ne pouvait rien nous faire visiter sans l'appeler le plus grand du monde ; c'est courant, comme l'Allemand qui n'a dans la bouche que le mot « coloss a a l ».

LE TYPE AMÉRICAIN

L'Américain est plutôt grand, aux épaules carrées, généralement vêtu du veston et coiffé du chapeau melon, costume qui laisse au corps le plus d'aisance. Sa face est complètement rasée ; la lèvre pincée, indice de l'énergie et de la volonté ; l'œil vif, brillant, plein d'observation et de décision.

Dans les affaires, il voit toujours grand, très grand même et néglige les détails.

A de rares exceptions près, l'Américain manque absolument de distinction, je dirai même d'éducation, ne s'excusant jamais s'il commet une faute ou une maladresse quelles qu'elles soient, même vis-à-vis d'une femme, paraissant ignorer les mots s'il vous plaît et merci — il les trouve inutiles — par contre, très obligeant pour vous donner des renseignements, alors même que vous le dérangez — c'est utile...

J'avais une lettre d'introduction auprès d'un jeune, mais quoique cela très grand armateur de New-York, je la lui fis présenter et fus introduit de suite dans son bureau privé, malgré la longue file de négociants qui faisaient antichambre. Il me donna tous les renseignements que je venais solliciter de sa bienveillance, de la façon la plus aimable, m'invitant même à jouer au golf chez lui et à dîner en son château situé aux environs : j'en étais confus ! Mais que diable avait-il besoin, pendant tout notre entretien, de se balancer en arrière sur son fauteuil à ressort, genre de rocking chair, la cuisse droite passée sur l'accoudoir et de me montrer ainsi la semelle de ses souliers ? Nous ne recevrions jamais dans une telle posture un visiteur, de si humble condition fût-il !

Les hommes sont cotés aux Etats-Unis suivant le nombre de millions de dollars qu'ils possèdent : on dit couramment un tel vaut 10, 15, 20 millions de dollars ou est milliardaire. C'est, il faut le reconnaître, bien matériel d'estimer un homme surtout pour sa fortune, plutôt que pour son mérite, sa science, son art ou son génie.

L'ambition de l'Américain est d'acquérir des dollars. Le dollar c'est l'idole ! — Aussi, jeunes, les Américains négligent-ils de poursuivre leur instruction et l'étude des langues étrangères, disant comme les Anglais : inutile de les apprendre, on parle l'anglais partout. Comme les Anglais, à quinze ans, ayant déjà la fièvre des affaires, ils se jettent dans la mêlée à la course aux dollars ; aussi est-on étonné de voir souvent à la tête d'entreprises considérables des hommes jeunes, quelquefois n'ayant que trente ans, mais que quinze ans de pratique industrielle et commerciale avaient déjà préparés. L'histoire nous cite certains généraux très jeunes, des entraîneurs d'hommes (tel que le général Hoche qui mourut à vingt-neuf ans), dont l'énergie et la décision compensaient le défaut d'expérience et de connaissances qui sont seules le privilège de l'âge.

J'avais entendu dire qu'à quarante-cinq ans l'Américain si « excited » était usé, fini. J'ai rencontré dans les affaires des hommes âgés et malgré cela très vigoureux, fiers de continuer à donner à leurs entreprises, à l'aide d'une grosse fortune acquise, une impulsion encore plus considérable. Le travail ne tue pas, il est au contraire notre meilleur soutien dans les jours si pénibles qu'il nous faut parfois traverser.

Aux Etats-Unis, l'oisif est considéré comme un être inutile et honni : le « business man », au contraire, est très en honneur, aussi ne dira-t-on jamais d'un homme qui a fait lui-même sa fortune, c'est un parvenu ! ce qui serait offensant, mais c'est un fils de ses œuvres, « self made man » — et l'on a pour lui une grande admiration.

Si ces immenses fortunes, que les scrupules n'ont pas toujours empêché d'édifier, sont quelquefois un danger pour un pays, elles permettent à ceux qui les détiennent de créer des œuvres philanthropiques et humanitaires, aussi considérables qu'utiles, et c'est à l'honneur des hommes qui les fondent plutôt par sentiment national que par vanité : c'est un retour à la masse de leur fortune acquise et comme le disait Rockfeller, le roi des pétroles, un fils de ses œuvres : « La » richesse ne peut donner le bonheur que lorsqu'elle est un » moyen de rendre les autres heureux ».

Carnegie, qui est d'origine écossaise, dépensa plus de deux cents millions de francs à la création de bibliothèques et d'universités américaines et écossaises ; nous lui devons, en outre, le Palais de la Paix, de La Haye, qu'il fit construire entièrement de ses propres dollars.

On me cita un richissime américain, et le cas n'est pas rare, qui ne laissa à ses fils qu'une bien faible partie de sa fortune, qu'ils ne pourraient que mal employer, ne les jugeant pas suffisamment capables et travailleurs, et la presque totalité à des collaborateurs de valeur pour poursuivre son œuvre utile.

LA DOCTRINE DE MONROE
L'AMÉRIQUE AUX AMÉRICAINS

Cette doctrine a été inspirée non seulement par un juste amour-propre national, mais aussi par la conscience que les Américains ont des ressources considérables que possède leur pays quinze fois plus grand que la France et, à deux millions de kilomètres carrés près, aussi grand que l'Europe entière ; n'ont-ils pas, en effet, sauf la soie, toutes les matières premières nécessaires à leurs industries ; leur immense pays possède aussi, au point de vue agricole, des ressources considérables et encore insuffisamment exploitées, malgré une immigration constante.

Ajoutons que sa dette publique ne s'élève qu'à 12 milliards de francs.

Le Nouveau-Monde, comme en témoignent les droits très élevés dont sont grevés les produits étrangers, tend de plus en plus à se suffire à lui-même (c'est là l'ambition légitime de tout pays). N'avons-nous pas vu fréquemment les Américains créer chez eux de nouvelles industries en important d'Europe les machines et métiers les plus perfectionnés.

ainsi que des ouvriers d'élite et des chefs d'atelier les plus expérimentés, au prix de sacrifices énormes.

Nous sommes, en Europe, absolument tributaires de l'Amérique pour les cotons bruts : les acheteurs traitent maintenant avec des agriculteurs, lesquels ont su s'organiser entre eux pour écouler avantageusement leurs récoltes ; il y a moins d'à-coups dans les prix de la matière première comme autrefois, mais celle-ci devient méthodiquement de plus en plus chère.

Les résultats d'une entreprise sont maintenant presque uniquement subordonnés à la façon dont les achats de matières premières ont été opérés, alors que sa bonne administration devrait surtout en assurer les bénéfices.

Nous sentons aujourd'hui combien pèse sur nous ce joug que nous imposent les Américains ; les Anglais s'en sont depuis longtemps inquiétés et ont créé, appuyée par de gros capitaux, leur grande Association pour la culture du coton dans leurs colonies, avec leurs 57 millions de broches de filature et leurs 740,000 métiers à tisser : la mesure était non seulement prudente, mais de toute utilité.

En France, nous nous sommes aussi émus de cet état de choses avec nos 7 millions de broches et nos 110,000 métiers à tisser, en nous livrant à de timides essais de culture de coton dans nos colonies et particulièrement au Dahomey. Les cotons étant demeurés, ces dernières années, à des prix très élevés, nos efforts se sont trouvés encouragés, mais si, par hypothèse, le coton revenait à des prix bas, c'en serait fait de nos essais, car, à prix égal, les préférences resteraient acquises aux cotons américains dont nos filateurs connaissent les classements ainsi que les rendements, et ceux-ci négligeraient d'acheter les cotons récoltés chez nous ; tout serait alors à recommencer et dans des conditions beaucoup plus difficiles que précédemment.

Quand je disais que les Américains cherchaient à se suffire à eux-mêmes, les nombreuses et grandes usines qu'ils ont créées ces vingt dernières années et principalement les filatures et tissages le prouvent surabondamment et, à un moment donné, cette nation compte bien, en raison des avantages naturels qu'elle possède, livrer à l'Europe ses produits fabriqués au lieu de ses matières premières ; fort heureusement, la main d'œuvre est aux Etats-Unis trois et quatre fois plus chère qu'en Europe, la construction d'une usine y coûte

le triple d'une similaire chez nous ; ce sont des charges
lourdes comme amortissement et intérêt d'argent qui demeu-
reront toujours à notre avantage. Il est à craindre cependant
que lorsque leur production sera plus élevée que leur consommation, il leur faille trouver des débouchés pour le surplus,
et que les Américains ne mettent sur les cotons bruts un
droit à la sortie, ce qui augmenterait d'autant notre prix de
revient.

Il faut donc nous efforcer plus que jamais en Europe de
n'être plus tributaires exclusivement des Américains pour
les cotons bruts en encourageant, par tous les moyens pos-
sibles, la culture du coton dans nos colonies.

Nous devons beaucoup nous méfier de l'Américain ; en
affaires il a une mentalité toute spéciale ! Les scrupules ne
l'arrêtent pas dans son ardent désir de gagner de l'argent ; la
place du Havre en a fait tout dernièrement la pénible
expérience.

L'année passée, l'industrie américaine manquant de cuirs
verts, les droits dont ceux-ci étaient frappés à leur entrée
aux Etats-Unis furent temporairement levés, et les fabri-
cants de chaussures, après avoir râflé tous les cuirs dispo-
nibles en Europe, purent venir ensuite concurrencer avantageusement les produits de notre industrie nationale.

RÉSULTATS DE MES ÉTUDES INDUSTRIELLES

Désireux de visiter des tissages américains fabriquant
nos genres, afin de comparer leurs moyens de production
avec les nôtres, j'avais eu soin d'écrire auparavant aux deux
principaux constructeurs des Etats-Unis que j'étais acheteur
de métiers à tisser les tissus élastiques en caoutchouc, mais
qu'autant que je les aurais vus fonctionner dans des établis-
sements industriels importants et que leur supériorité sur les
nôtres me serait pratiquement démontrée.

Je pus, grâce à cette condition que j'avais imposée,
visiter, accompagné par ces constructeurs, plusieurs tissages américains, et constater que c'était le long métier
allemand, à bandes très nombreuses, d'une surveillance
difficile pour l'ouvrier, qui y était en usage et dont nous
avions d'ailleurs condamné le principe, après l'avoir expéri-

menté pendant plusieurs années dans nos usines, parce que, si sa production est relativement importante, les défauts dans les tissus y sont nombreux et conséquemment la fabrication peu soignée ; en outre, ces métiers américains et allemands ne se prêtent pas à la fabrication des nombreux dessins fantaisie de plus en plus demandés par notre clientèle d'Europe à laquelle nous devons soumettre annuellement des collections aussi complètes que variées, de très bon goût, et des tissus d'une exécution irréprochable.

Conclusion, nous pouvons fabriquer très bien sur nos métiers français tous les articles que fabriquent sur leurs métiers les Américains et les Allemands, et sur les leurs, ils ne pourraient fabriquer convenablement le quart des genres fantaisie que nous produisons sur nos métiers français. La preuve la plus évidente est que 30 0/0 de nos tissus fabriqués en France sont exportés chaque année, malgré les droits de douane importants qu'ils ont à supporter en Allemagne, Autriche, Russie, Italie, Danemark, Hollande, Belgique, etc., et si nous n'avions pas à l'entrée aux Etats-Unis des droits de douane énormes, disons plutôt prohibitifs de 45 0/0 *ad valorem*, nous aurions au delà de l'Atlantique un débouché considérable pour les produits de notre industrie, comme cela existait autrefois avant le bill Mac Kinley.

Les ouvrières employées dans l'industrie textile sont très actives, elles ont comme tous les Américains la soif du dollar, elles visent par conséquent plutôt à la production qu'aux soins dans la fabrication, leurs salaires sont deux et trois fois plus élevés que chez nous, et lorsqu'on les voit dans la rue bien habillées, en chapeau et gantées, on les prendrait plutôt pour des employées de magasin que des ouvrières d'usine ; dans certaines entreprises la population ouvrière est de nationalités tellement diverses que le règlement y est écrit en cinq langues différentes.

Les ouvriers maçons, menuisiers, charpentiers gagnent jusqu'à 4 dollars (soit 21 fr. 60 pour 10 heures de travail) ; ils réclament en ce moment 5 dollars et 8 heures de travail. Cette cherté de la main-d'œuvre a naturellement sa répercussion sur tout le monde et sur les ouvriers eux-mêmes qui paient, au lieu de 200 à 250 francs chez nous, 800 à 900 francs le même logement hors ville, très éloigné de leur travail, mais plus grand et plus aéré cependant.

Toutes les choses de la vie, sauf les objets d'habillement fabriqués aux Etats-Unis, sont très chères ; néanmoins, il faut reconnaître que l'ouvrier américain vit mieux et dans de meilleures conditions que le nôtre, d'après les renseignements que nous avons obtenus de divers côtés et d'ouvriers ayant émigré en Amérique ; des Italiens entre autres nous ont déclaré qu'ils s'y trouvaient si heureux, depuis quinze ans qu'ils y vivaient, qu'ils ne consentiraient jamais à retourner dans leur pays ; beaucoup d'émigrés cependant, après être revenus quelquefois dans leur pays, y rentrent, si les enfants ne les retiennent pas, définitivement au bout de 25 ou 30 ans avec un avoir dont le revenu se trouve triplé dans leur patrie, par suite du prix peu élevé comparativement de la vie, et y finissent heureusement leurs jours.

Si les hommes portent rarement des gants, par contre presque tous les ouvriers employés à des travaux où leurs mains sont exposées à être blessées portent des gros gants à revers pour les protéger, tels les employés chargés aux chemins de fer de la manutention des wagons, des bagages, marchandises diverses et lourdes, les peintres en bâtiment, etc. La loi sur les accidents du travail n'existant pas aux Etats-Unis comme chez nous, les ouvriers ont donc tout intérêt à éviter les accidents qui leur pourraient occasionner un chômage quelconque.

OBSERVATIONS GÉNÉRALES

« La France est riche, elle est en grande partie devenue
» le banquier de l'Univers, l'épargne y est pratiquée plus que
» dans tout autre pays ; cette épargne, beaucoup trop encou-
» ragée par les Pouvoirs, non seulement éloigne de la vie
» d'entreprise et du travail, mais elle engendre un mal très
» dangereux chez nous : *l'improductivité relative du capital*,
» tandis que l'Américain, l'Anglais, l'Allemand, sans parler
» de beaucoup d'autres pays, jettent leur capital d'épargne
» dans des affaires variées, nombreuses, nouvelles, hardies
» même, donnant ainsi aux industries de leur pays une
» vitalité et une prospérité considérables. »

Nos capitaux canalisés par les grandes banques passent sans cesse à l'étranger, auquel nous fournissons ainsi les éléments pour se développer à notre détriment, en même temps que des armes pour nous combattre.

« En 1908, le montant total des valeurs mobilières étran-
» gères détenues en France pouvait être évalué à 35 milliards ;
» il est actuellement de 38 milliards, c'est-à-dire que chaque
» année 1 milliard 440 millions en moyenne d'argent français
» passent les frontières. D'après de récentes statistiques,
» puisées dans les déclarations de succession, sur 13 milliards
» de capitaux ainsi exportés par nous dans les neuf der-
» nières années, il faut compter environ 10 milliards de fonds
» d'Etat et 3 milliards en autres valeurs.

» Un capital qui ne s'accroît chaque année que de l'excé-
» dent des revenus non dépensés ne peut pas progresser
» rapidement ; *s'il ne s'augmente point par les produits du*
» *commerce et de l'industrie*, il deviendra forcément insuffi-
» sant au fur et à mesure que la population du pays s'accroî-
» tra. C'est même dans cette stagnation de la fortune nationale
» qu'il faut voir assurément la cause principale aussi de la
» stagnation de la population française ; sauf chez les gens
» qui ne possèdent rien du tout, le nombre des enfants dési-
» rés dans chaque famille est proportionnel aux perspectives
» d'avenir que représentent le patrimoine et les revenus de
» cette famille. »

Notre agriculture fait appel à la main-d'œuvre belge, italienne, suisse et polonaise ; nos industries y seront bientôt aussi forcées, si nous ne voulons pas voir arrêtés les nombreux métiers que la loi sur la réduction des heures de travail nous a obligés de monter, afin de produire autant dans un laps de temps plus court.

L'esprit d'entreprise et la confiance en soi manquent chez nous. La science, sous toutes ses formes, met tous les jours à la disposition de nos industries ses précieuses découvertes que nous hésitons, hélas ! à exploiter nous-mêmes, alors que les nations voisines plus entreprenantes en tirent fréquemment et largement profit de suite. Exception doit être faite cependant pour l'industrie de l'automobile, découverte essentiellement française, il faut l'en féliciter. En effet, notre industrie automobile a exporté pendant le premier semestre de 1910 plus de 85,287,000 francs contre 73,607,000 francs pendant la même période de 1909, alors que les importations d'automobiles n'ont pas dépassé 4 millions.

Puissions-nous, dans notre intérêt particulier et dans l'intérêt de notre pays, utiliser nous-mêmes nos capitaux et exploiter enfin les ressources considérables que celui-ci nous offre, si enviées de l'étranger, mais que nous n'apprécions pas suffisamment.

Georges FROMAGE

Rouen, 1910.